通信

撰文/陈诗喻　　审订/李学智

中国盲文出版社

怎样使用《新视野学习百科》？

请带着好奇、快乐的心情，
展开一趟丰富、有趣的学习旅程！

1 开始正式进入本书之前，请先戴上神奇的思考帽，从书名想一想，这本书可能会说些什么呢？

2 神奇的思考帽一共有6顶，每次戴上一顶，并根据帽子下的指示来动动脑。

3 接下来，进入目录，浏览一下，看看这本书的结构是什么，可以帮助你建立整体的概念。

4 现在，开始正式进行这本书的探索啰！本书共14个单元，循序渐进，系统地说明本书主要知识。

5 英语关键词：选取在日常生活中实用的相关英语单词，让你随时可以秀一下，也可以帮助上网找资料。

6 新视野学习单：各式各样的题目设计，帮助加深学习效果。

7 我想知道……：这本书也可以倒过来读呢！你可以从最后这个单元的各种问题，来学习本书的各种知识，让阅读和学习更有变化！

神奇的思考帽

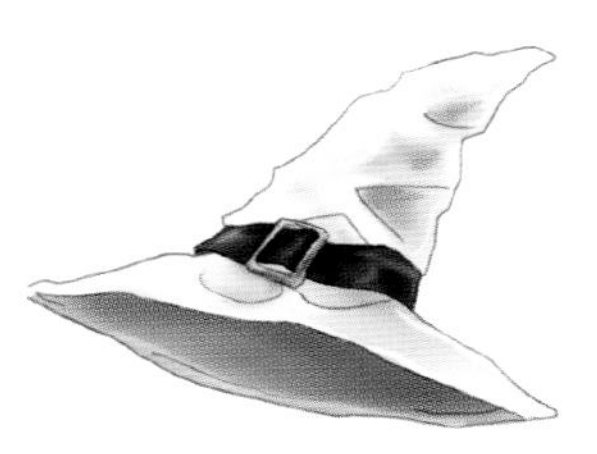

客观地想一想

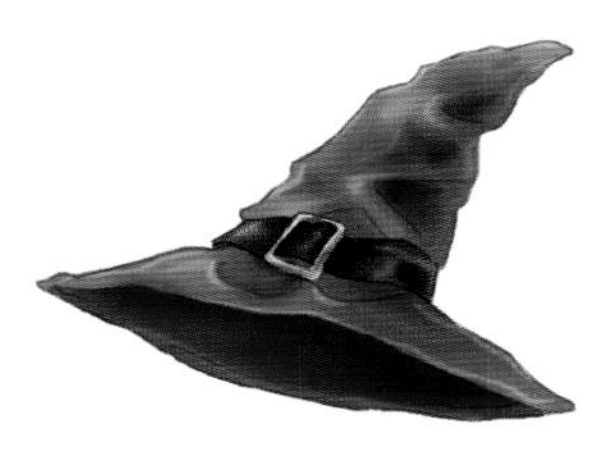

用直觉想一想

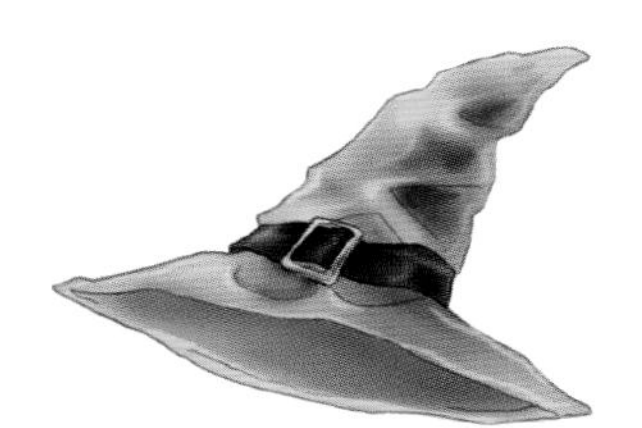

想一想优点

想一想缺点

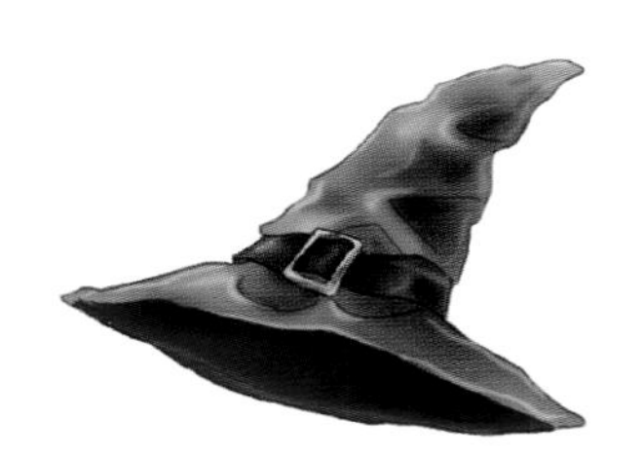

想得越有创意越好

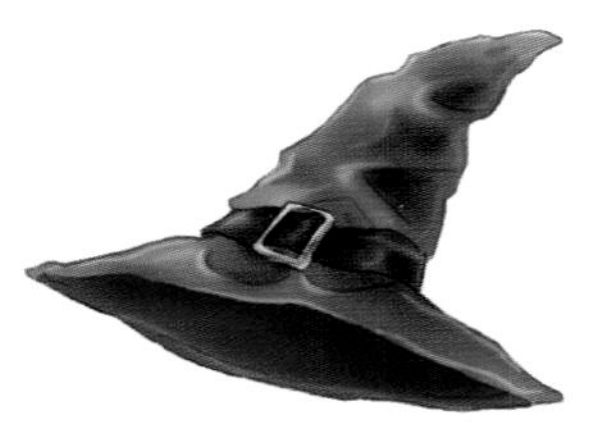

综合起来想一想

? 生活中常用的通信方式有哪些？

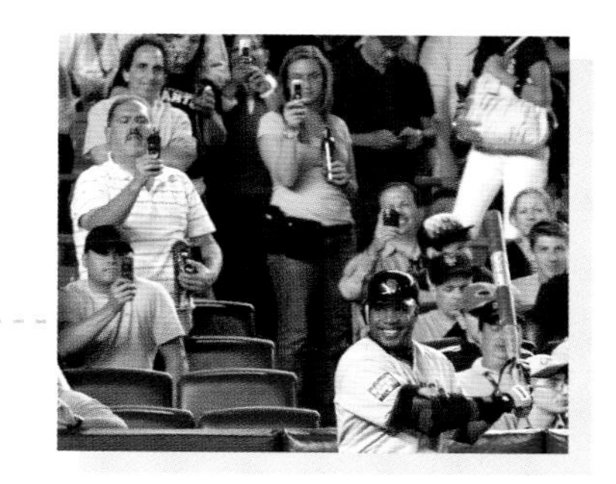

? 你喜欢哪一种通信方式？

? 通信的进步可以促进哪些产业？

? 各种通信方式安全吗？

? 你希望未来的移动电话变成怎样？（愈有创意愈好）

? 通信给我们的生活带来哪些变化？

目录

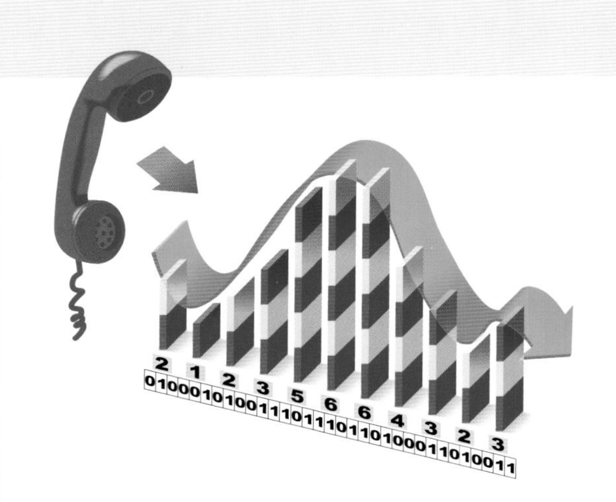

CONTENTS

■专栏

什么是通信

（单悬臂式信号灯，以单悬臂动作和灯光等作为信号。图片提供/维基百科，摄影/Chris McKenna）

通信又称通讯，简单来说，就是交换信息。我们打电话给同学是通信，和朋友在网上聊天也是通信，甚至使用公交卡在公交车上刷卡，也是一种通信。

通信系统：对面孩子对罐子说话（发送端），声波（信号）通过棉线（媒介）传送到女孩耳边的罐子（接收端）。（图片提供/达志影像）

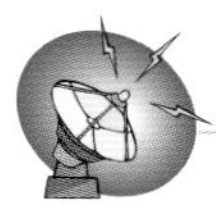

通信系统的构成

一个通信系统可以分为三个部分：信号、媒介和收发设备。信号是光、电或任何一种能量形式，可以携带信息；媒介是供信号传递的路径，例如光纤缆线和铜导线分别是传送光与电的最佳媒介；收发设备包括发送端和接收端，负责发送与接收信号。媒介和收发设备构成通信系统的硬件部分，好让信号来回传递，达到信息交换的目的。

通信是日常生活的一部分，图为几种常见的通信方式。（插画/吴昭季）

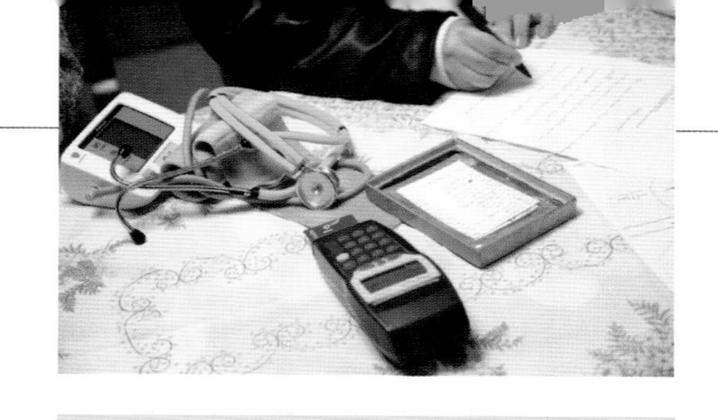

读卡器读取保险芯片卡资料后，会与保险机构连线，确认保险资料。（图片提供/达志影像）

模拟信号与数字信号

依照携带信息的方式，信号可以分为两大类：模拟信号和数字信号。如果信号中的信息是利用连续的能量来表示，则为模拟信号，因为它是通过能量的高低起伏变化来模拟声音或影像；相反的，如果信息利用不连续的能量传递，则为数字信号，例如电报就是通过敲击发报键产生间断的电流信号。至于数字电话，是先将模拟信号分段取样，转化为数字信号，再通过适当的编码来增加信息的传输速率与可靠性，以便传输。

模拟与数字信号：橙色表示模拟信号，是连续的起伏变化；而将模拟信号分段取样记录成2、1……，再编码为010、001……的则是数字信号。（插画/吴仪宽）

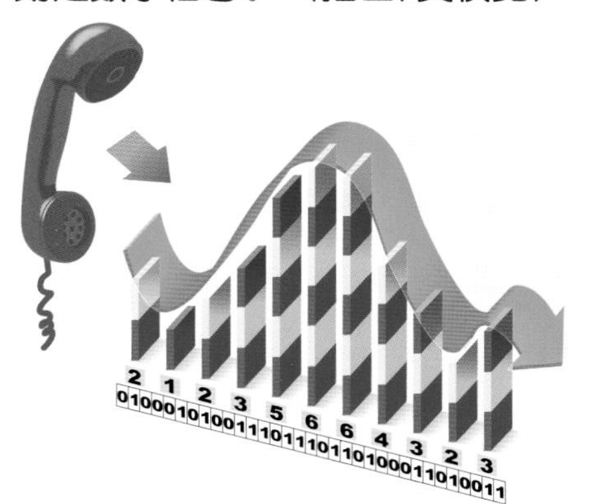

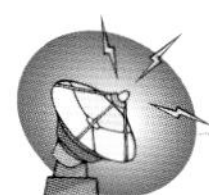

速度与准确性

通信最基本的要求就是速度和准确性，能在最短的时间内将信息准确地传送到指定的地方，就是最好的通信方式。多数信号如光、电、电磁波等，在媒介中以光的速度进行能量传递。但信号传递需要有低耗损的媒介与高隔绝性的通道，这样才能快速传递而不失真，例如光容易被物体遮挡而无法传送，所以以光纤作光通信的通道就比空气效果好。

至于准确性，就要仰赖收发设备了。发送端和接收端有一定的对话模式，例如在电话系统中，发送端必须告诉接收端的电话号码，系统才会建立两端间的专线，让双方直接进行沟通或传递信号；而在网络系统中，发送端必须将接收端的信息（如IP地址）加入信号中，这样接收端才可以准确地接收。

警用的无线系统，属于专用移动通信系统的一种，用于内部通信。（图片提供/达志影像）

单元2

通信系统的发展

（古代中国边境的烽火台，以燃烧烽火传递信息。图片提供/维基百科，摄影/Ahazan）

古人如何与无法见面的朋友联络呢？除了托人传口信，最常见的就是将文字书写在竹片或绢布上，然后交给别人传递，这往往要花上一段时间。如今随着科技的发展，要随时随地即时沟通，已经不再是梦想，弹指之间我们就能将信息传给朋友了。

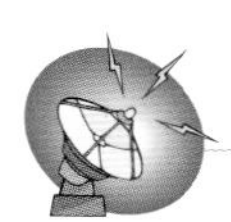

早期的通信系统

早期的通信方式主要是书信。为了寄信的需要，古代各大文明都发展出驿站、驿道和驿使的邮驿制度。17世纪，英、法等国创立邮政制度，书信来往更为便利。除了文字，古人也用吹号角、击鼓和烧狼烟等方式传递信息。

英国海军以旗语传递信息。无线通信诞生之前，打旗语比乘小船传信效率高多了。（图片提供/达志影像）

18世纪，法国人发明以旗语表示各种字母来通信，随后英国海军也利用旗语将命令快速传达给整个舰队。但不论是书信、狼烟或旗语，通信的内容、距离和时效都是有限的。19世纪，美国人莫尔斯发明电报机，利用电信号将信息在短时间内传送到千里之外，开启了通信的新纪元。

美国原住民使用狼烟做远距离通信。（图片提供/达志影像）

现代通信的发展

在电报发明后的短短50年间，各种利用电信号来传输信息的设备相继问世。传真与电话的发明，使传递的信息不再只限于文字，还有更生动的声音

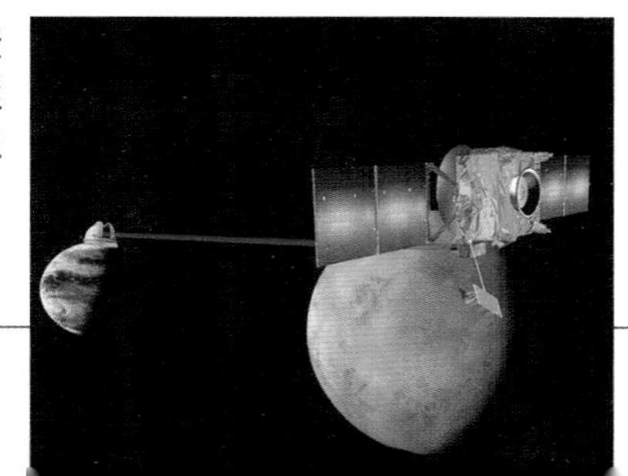

行星之间能利用无线电波联络；这是以火星探测器为中继站，将在火星上探测的影像与数据传回地球的示意图。（图片提供/NASA/JPL）

世界通信的发展

重要发明	年代	发明者
文字	公元前3000年	苏美尔人
信鸽	公元前2500年	苏美尔人
驿站	公元前2000年	埃及人
烽火	公元前800年	中国人
纸	2世纪	中国人蔡伦
印刷术	7世纪	中国人
邮政	17世纪	英国人、法国人
旗语	1792年	法国人却柏
电报机	1837年	美国人莫尔斯
传真机	1843年	英国人贝恩
海底电缆	1851年	（位于英吉利海峡）
电话	1856年	意大利人梅乌奇
收音机	1893年	克罗地亚人特斯拉
无线电报	1895年	意大利人马可尼
电视	1924年	英国人贝尔德
电脑	1946年	美国军方
移动电话	1946年	瑞典人
人造卫星	1957年	苏联军方
GPS	20世纪60年代	美国军方
光纤	20世纪70年代	美国康宁公司
互联网	20世纪80年代	美国军方

无线通信之父：马可尼

马可尼（1874—1937），意大利人，从小便经常躲在图书馆里，博览群书，拥有渊博的知识。1894年，他偶然读到德国物理学家赫兹的一篇论文，叙述如何以实验方法证明电磁波的存在，便立即领悟到电磁波可以用来传递信息，于是着手实验。他不断改良电磁波收发机，第二年，就成功发送可以越过一座小山并且被接收的电磁波信号，为无线通信开启了一扇大门，因此被后世尊为无线通信之父。

无线通信之父马可尼与他发明的发射机、接收机。（图片提供/达志影像）

1901年首次通过大西洋的无线电通信。马可尼在加拿大纽芬兰以风筝架设天线，收到从英格兰康沃尔发出的无线信号。（图片提供/达志影像）

或图像；无线电报机的发明，通过无线电波传送信号，打破通信设备必须连接缆线的限制，也使通信不再是定点间的沟通。

20世纪人造卫星升空，将信息传输延伸到太空；电脑与网络的发明，提供了全世界信息交流的平台，也宣示全球化时代的来临。更重要的是，全球每天的通信量不断激增，光是手机短信，2006年全世界每天就发送数十亿条，这也是21世纪通信时代的特色。

在2004年的东南亚海啸后，马来西亚政府计划提供电子通信服务，如发送地震与海啸的警告短信。（图片提供/达志影像）

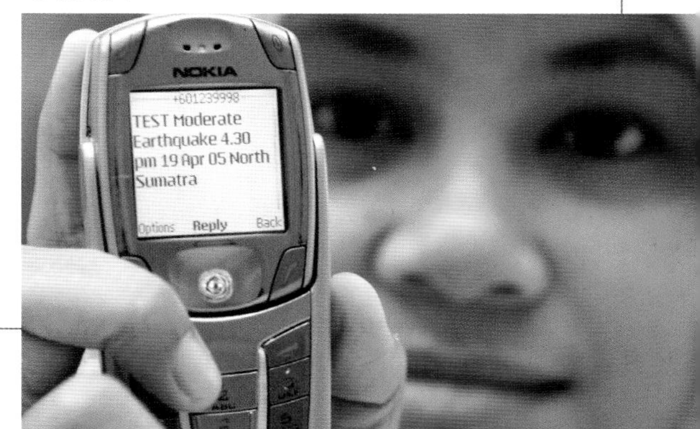

收发设备

（收音机是单工接收机。图片提供/维基百科/Franklin D. Roosevelt Library Public Domain Photographs）

我们和朋友用电话聊天时，两端使用的电话机都是兼具发射和接收信号的设备。在通信系统中，收发设备负责发射与接收信号，不过在发射之前与接收之后都必须将信号进行加工处理。

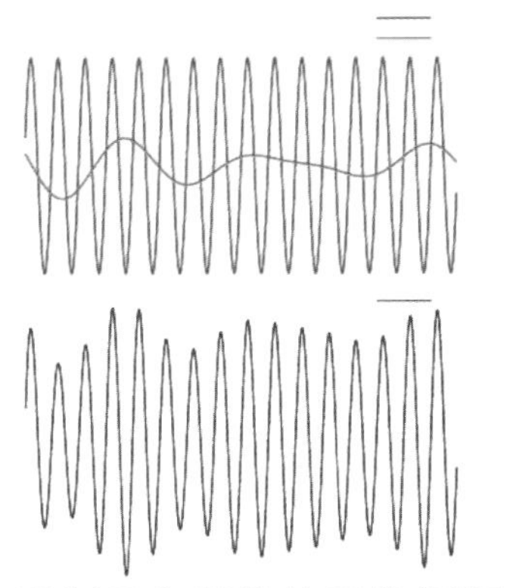

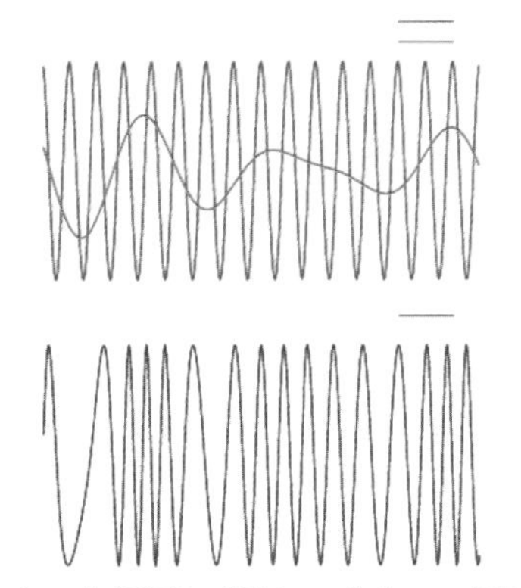

调制器先调整信号的振幅（AM，左）或频率（FM，右），再发射出去。上排红色是原来的信号，绿色是载波，下方蓝色是调整后的信号。（图片提供/GFDL，制作/Stw）

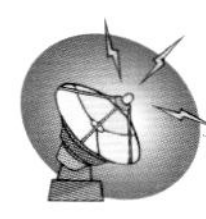

信号的转换

发射机产生的信号大多不能直接传送，而需要先经过调制。这是因为不同的通道各有限制，因此信号要先调整成适合传输的信号，例如一般电话线适合传输的频率为10Hz—1MHz，超过这个范围的信号就无法有效传输；另一方面，如果不同信号要共用一个通道时，也需调整，例如传统电话和网络共用一条电

无线电对讲机是半双工收发机，同一时间只能发信或收信，不能同时进行。（图片提供/达志影像）

公交卡

使用过公交卡的人都知道，只要将卡片贴近地铁站或公交车上的读卡器，就会显示余额并且发出哔声（没有哔声就表示要换卡了），这卡片便是最简单的收发机。卡片里面有一个很小的电子芯片，一旦感应到读卡器发射的能量，芯片上的电路即可通电，并且发射电磁波与读卡器交换信息，所以即便没有外置电池，使用期限还很长。

台北地铁的公交卡与读卡器以电磁波交换信息。（摄影/张君豪）

电视遥控器是单工发射机，只发射信号，电视则是单工接收机。（图片提供/达志影像）

话线，两者要调整成不同频率范围，才不会互相干扰。调制由调制器执行。它能以振幅调制（即调整振幅，调幅，AM）或频率调制（即调整频率，调频，FM）等方式，将信号载送至适合的频率（称为载波）上。

此外，编码器也很重要，它能将各种信号以数字串进行编码。这些数字串具有一定的编码以及解码方式，因此到了接收端可以正确无误地解码和还原，增加信号的传输速率与可靠性。这是现代通信系统将信号数字化的主要原因。

收发信号的三种模式

依照信号的收发模式，收发设备可分为三大类：全双工收发机、半双工收发机、单工发射机与单工接收机。例如电视机和收音机只能接收电台的节目，属于单工接收；电视遥控器只能发送信号给电视机，属于单工发射。信息传输量较大的系统往往使用全双工收发机，例如电话和网络。如果收发机之间只有一条传输路径，那就只能选择半双工收发机了，例如无线电对讲机，不能双方同时听和讲，当一方讲话时，另一方就只能听。

支持蓝牙的设备可以用无线通信互通信息，属于全双工收发机，手机、耳机、电脑和鼠标等都可以互相通信。（图片提供/达志影像）

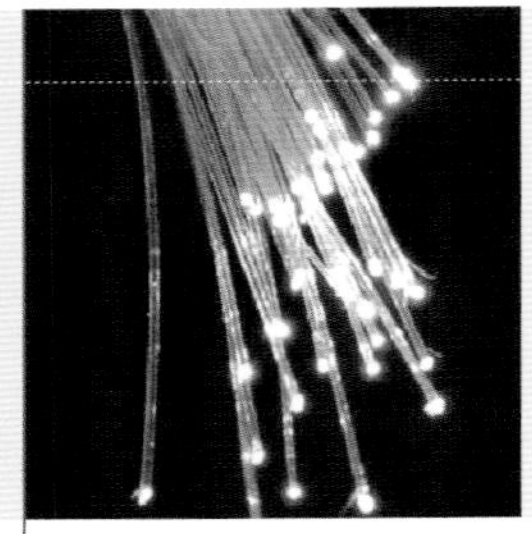

单元4

信号与媒介

（一小束光纤，光线从断口溢出。图片提供/维基百科，摄影/BigRiz）

19世纪电报诞生之后，主要的通信媒介便从早期的人力转为电缆线，各国也积极架设缆线，打下有线通信的基础。到了20世纪，以电磁波为介质进行传递的通信技术愈来愈进步，无线通信更加蓬勃发展。现在，有线通信与无线通信俨然成为两大互相抗衡的通信势力。

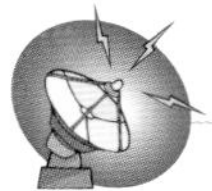

有线通信：从电缆到光纤

有线通信利用线路建立起各个收发机之间的通道，信号在线路的保护下，不仅拥有较好的抗干扰能力，也能顺利传输到远方。但是，铺设线路需要投入大量的时间和金钱，因此不需要线路的无线通信便后来居上。

20世纪70年代初期，美国康宁公司和贝尔实验室发明光纤并加以改良，为有线通信带来一线曙光。比起传统的铜制缆线，光纤具有轻薄纤小、不导电、不辐射、低损耗、频带宽等优点。与无线通信相比，它不仅能传输更多信息，而且能

有线通信铺设线路需要大量人力、时间与金钱，图为在印度尼西亚雅加达铺设通信电缆的工人。（图片提供/达志影像）

什么是光纤

光纤是一条细如头发的玻璃纤维。光在光纤中传递时，不会直线前进，而是不断折射、反射而前进；但因光纤材质特殊，光无论怎么折射和反射，损耗的能量都极小，这使它成为极佳的通信媒介。此外，光纤频带宽，传输量大，一根光缆的一条光纤即可取代一万条以上的电话线。现在，许多网络线或电话线都改用光纤铺设，比起ADSL，光纤能让更多用户享受高速宽频带上网的便利。

光纤缆线。图中可以看到光纤（包括纤核和纤壳两层）以及外围的保护层，后者是为了避免光纤受到侵蚀而断裂。（图片提供/达志影像）

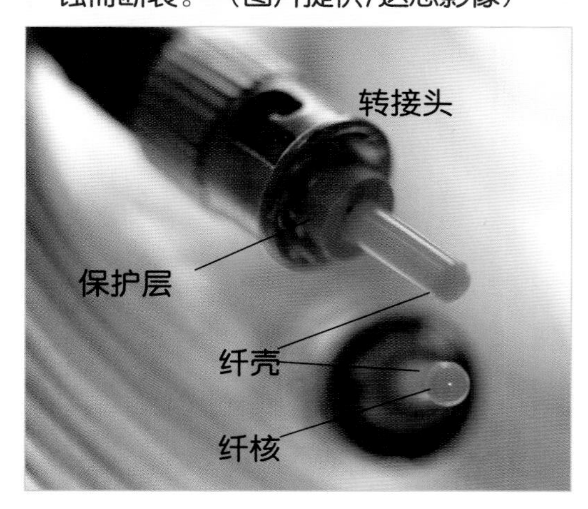

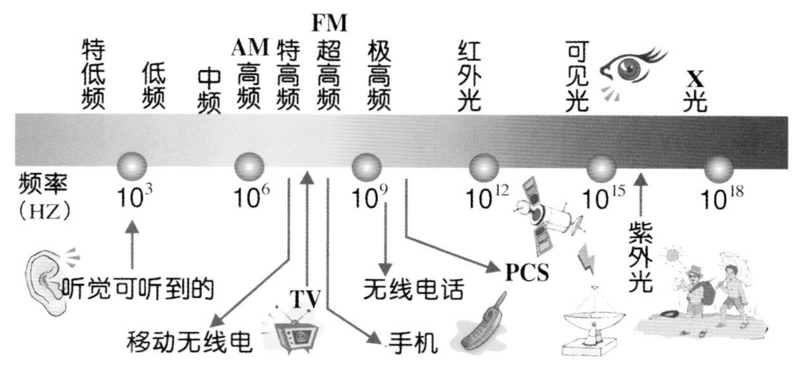

电磁波频谱，越往右频率越高。无线通信使用低频到极高频波段的电磁波传送信息；光也是电磁波的一种，有线通信的光纤缆线是用红外光之右的光传递信息。（制作/陈淑敏）

网吧常强调有T1，T1是由贝尔实验室所定义的一种网络传输标准，提供1.544Mbps传输速率，以分时多工方式同时传送24路信号。图为法国巴黎的网吧。（图片提供/达志影像）

快上几百倍。举例来说，目前利用光纤下载整部电影不过2—3秒的时间，而无线通信至少需要20—30分钟才能完成。

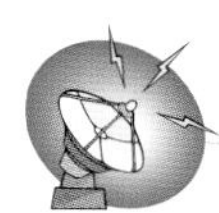

无线通信：各种电磁波

无线通信以各种电磁波为媒介来传递信号，不须架设缆线，所以不受空间限制，增加了许多便利。但是，信号没有缆线的包覆，容易受到环境中各种噪声的干扰或物体（如山丘、大楼）的遮挡，因此信号必须具备足够的抗干扰力。此外，为了避免大家共用相同的频带而造成通信上的冲突，各国都将所有的频带列入管制，成为公有财产，使用者必须付费。因此如何在有限的频带之内，产生抗干扰力强、又能携带大量信息的信号，是无线通信面临的最大的挑战。

通信可经由有线或无线通路传递信息。（插图/吴仪宽）

单元5

邮政

（发明邮票的英国人希尔。图片提供/达志影像）

邮政是历史最悠久的通信方式之一，负责信件和包裹的递送。早在公元前20世纪，古埃及便有通信活动的记载，而公元前16世纪中国的商朝也出现了有组织的通信活动；到了罗马帝国和中国的秦朝、汉朝时期，由于领土扩大，邮驿制度便得到迅速发展。

从邮驿到邮政

古代的邮驿都是官方的，专供政治和军事使用，民间只能委托亲友或商人捎信。到了中世纪，欧洲出现民营的邮递组织，例如巴黎大学就有自己的邮递组织。17世纪，邮政制度在英、法两国发展成形，由国家经营邮政，把官方和民间的信件、包裹全纳入服务范围，民营的邮政则慢慢消失。直到近年，民间邮政才又恢复。

世界各国都有自己的邮政系统，也有自己的邮资计算标准（通常根据送件距离与邮件重量而定），例如英国以盎司（相当于28.35克）作为计算重量的单位，法国用格兰（1克），德国则用苏洛（16.44克）。1878年，万国邮政联盟成立，组成以世界为一体的邮政区域，并统一国际邮件的计费标准，成为国际合作的良好典范。目前它是仅次于国际电信联盟的第二大国际组织。

19世纪60年代美国小马快递的骑士与马匹。小马快递的运作方式有点像过去政府专用的驿站，但一般民众也可使用。（图片提供/维基百科）

德国慕尼黑的邮件处理中心。虽然现在有自动化机械分担分类工作，但不少事务仍需人工协助处理。（图片提供/达志影像）

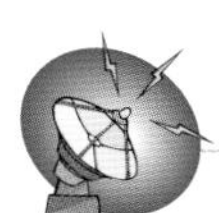

邮政的运作

邮政是标准的服务业，需庞大的人力来运

作，包括收件、分类打包、运输、投递四大业务。面对每天从四面八方涌来的数以万计的邮件，要将它们准确地送达指定地点，邮政编码的使用就特别重要了，它能加快邮件分类和寄达。根据邮件的内容，邮件可分为信函、明信片、报刊、印刷品、盲人读物、包裹等。如果根据处理和送递的方式，邮件又可分为普通、限时、挂号、快递、航空以及是否保价等。

美国的邮差正在递送信件。（图片提供/达志影像）

各国邮局大多同时采用这两种分类，而定出不同的邮资。

世界第一枚邮票

1840年，世界第一枚邮票在英国问世，发明邮票的是希尔(Rowland Hill)。据说有一天他看到邮差把一封信交给一位小姐，这是她未婚夫寄来的。但邮费太贵，她付不起，所以原封不动又还给邮差。当时英国的邮资是由收信人出的。希尔认为这不合理，就建议政府改革邮政，降低邮资，并由寄信人买邮票预付邮资。他的建议被政府采纳，于是产生世界上第一枚邮票，面额一便士，以黑色油墨印制，被称为黑便士。希尔提出的邮政改革对英国及其他国家都产生了很大影响，可说是近代邮政发展的里程碑。

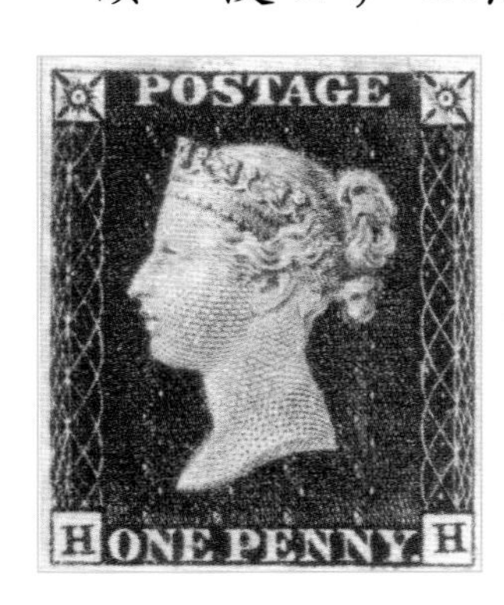

世界第一枚邮票黑便士在英国问世。（图片提供/达志影像）

动手做邮票小全张

小全张是把整套邮票中的一枚或几枚设计在一小张纸上，周边可加花纹、文字。我们也来设计属于自己的小全张。准备材料：图画纸、铅笔、水彩笔、尺子、图钉。（制作/林慧贞）

1.先在图画纸上画下邮票的位置。

2.画出喜欢的图案。

3.用水彩笔涂上颜色。拿图钉（或铁钉）在邮票四周钉下一个个小圆洞便完成了。

记得这是你自己做的邮票，不能用来寄信哦！

单元6

电报

（美国人莫尔斯，发明莫尔斯电码与可普及的电报机。图片提供/达志影像）

电报是利用电流传递文字信息的一种即时通信方式。19世纪初蒸汽火车和蒸汽船的发明，使人类的活动空间大为延伸，对通信的需求也增大。此时传统邮政已经无法满足需求，于是电报出现了，为以后长达两百年的通信革命拉开了序幕。

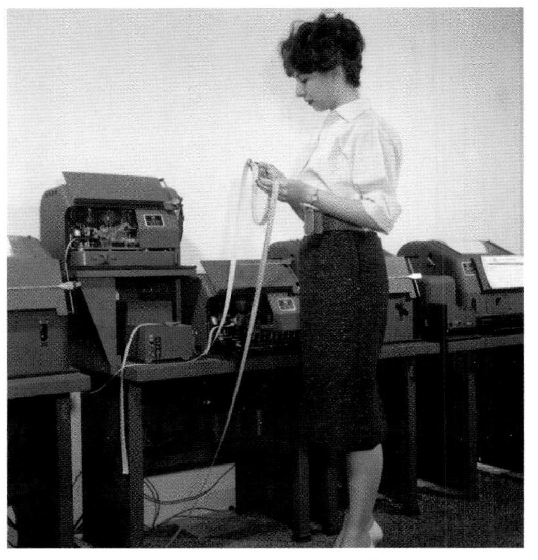

19世纪起成为主流的自动收发报机，由机械转译与发报，省去人工。图中女士正观看记录信息的纸带。（图片提供/达志影像）

电报机的出现

自18世纪科学家陆续发现电的各种特性后，人们开始研究如何把电应用在通信上。1837年，美国人莫尔斯发明了只需一根导线就可传输信号的电报机，再搭配一套莫尔斯电码（用简单的编码来表示英文字母与数字），开启了电报通信的新时代。

莫尔斯的电报机有两个重要的部件——发报键与电磁铁，分别负责信号的传送与接收。发报端根据莫尔斯电码，以一定方式按压发报键，产生长短不同的电流信号；电流到了收报端，顺着导线进入电磁铁后，会产生磁力驱使一旁的发声器发出长短不同的声音，长音或短音各代表一种符号。收报端只要依次记下来，再根据莫尔斯电码解码成文字，就可以读出信息了。

1852年工人架设跨越英吉利海峡的海底电缆，连接英国和法国。（图片提供/达志影像）

美国阿拉巴马州塔斯坎比亚火车站展示的旧式电报机发报键，发报时电报员将电报内容译成电码再发报，收报也由电报员将电码译回文字。（图片提供/达志影像）

电报的发展

最先将电报投入应用的是英国，1839年大西方铁路公司架设世界上第一条长途电报线路，连接伦敦与西德雷顿两个车站作为通信之用，成为当时陆上最快速的通信方式。之后，电报更延伸到海上，1851年海底电缆的铺设与1895年无线电报的发明，使跨海通信和洲际通信不再是梦想。

无线电报发明后，电报机便成为船只的必要配备，不仅能和陆地保持联络，还能和其他船只互通信息，由此打开海上通信的大门。在21世纪的今天，虽然电报早已被更先进的通信方式取代，但它对19世纪的社会却有很大的贡献和影响。

莫尔斯电码

莫尔斯电码是利用点（0.1秒为单位）、划（0.3秒为单位）两种符号的组合，来表示英文26个字母和0—9的数字；并且以间隔（0.3秒为单位）作为字元之间的分隔，形成一个二进制的编码系统。举例来说，如果把紧急求救信号SOS编成莫尔斯电码，就成为. . . ——— . . .，也可以用二进制写成000 111 000，电报打出来的声音就像“滴滴滴 答答答 滴滴滴”。

法国一家博物馆展出的莫尔斯电报机，前方是莫尔斯电码表。（图片提供/GFDL，摄影/Zubro）

美国海军以灯光打莫尔斯电码进行通信。（图片提供/US Navy，摄影/Tucker M.Yates）

单元7

传真

（英国人贝恩，1842年运用钟摆原理做传真试验。图片提供/维基百科）

在通信发展史上，图像通信比文字通信晚一大步，直到传真机问世，才解决即时传递图像的问题。传真不但能传递图像（包括文和图），并且能够打印出来，在互联网普及之前，它是传递图像最重要的方式。即使网络普及了，因为具有打印功能，它依然拥有一席之地。

来自钟摆的灵感

看到这个题目，你一定会想，时钟的钟摆与传真机有什么关系呢？1843年，英国发明家贝恩发现，同步启动的不同钟摆，在任何瞬间都会摆动到相同的位置，于是他让两个不同地方的钟摆同时启动，发送端的钟摆下方装扫描针，摆动时，扫描针碰触由一连串电接触点组成的图形，每碰一点，就发送一个电流信号到接收端；接收端的扫描针在钟摆的同步摆动下，也在纸上扫描，如果扫描针感应到电流信号，纸面上就出现一个黑点。这样，相同的图形就一点点、一行行地出现在热敏纸上。

1938年第一份传真的日报，以无线电波传送。目前气象局仍有类似的气象传真服务，供海上船只接收天气图等气象资料。（图片提供/达志影像）

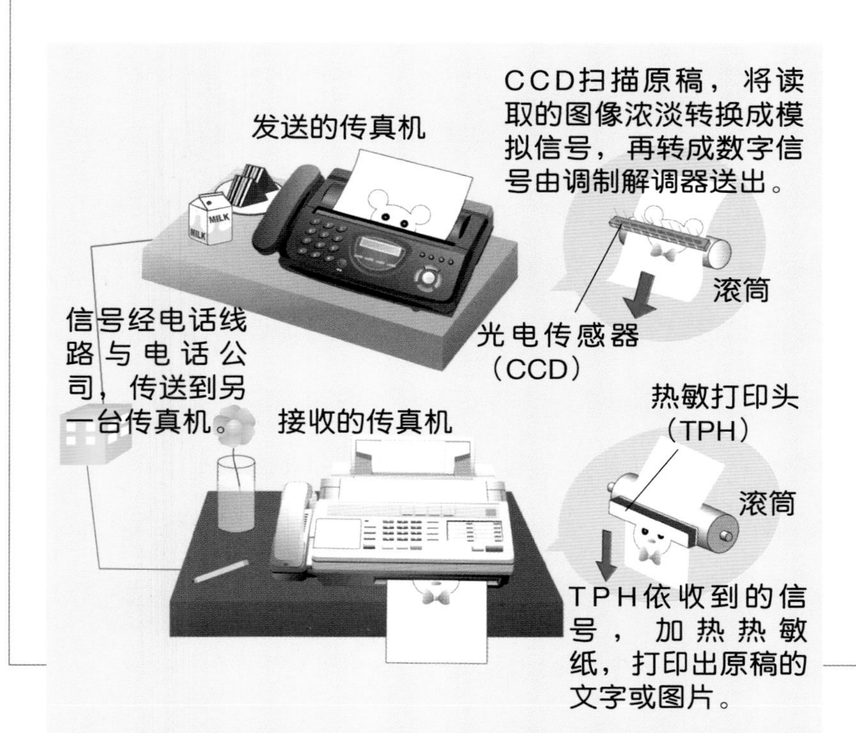

现代传真机发送传真时，两台传真机必须先同步，才能以同样速度在同样位置记录原稿，顺利传真。（插画/穆雅卿）

像素、DPI、色阶

这三个名词都和图片的品质有关，但容易混淆。简单来说，一张图片是由无数大小相同的有色方块组成，看起来像密密麻麻的小点，称作像素，是显示图像的最基本单位。一张图的像素愈多，图片愈清晰。DPI是一张图每英寸能印出来的点数，用来表示打印机的分辨率。点数愈多，点就愈小，印出来的图片就愈精细。色阶是将各种颜色依照明度与色彩排列，看起来像一层层颜色分明的阶梯，因此称为色阶。色阶数愈多，图片颜色愈不会失真。

总的来说，辨别传真机、打印机优劣的标准是DPI数和色阶数；辨别数码相机优劣的则是像素值与色阶数。

像素（左）是由大小相同的色方块组成，表示屏幕处理图像的能力；DPI（右）则是每英寸的点数，表示打印机出图的分辨率与精细程度。（插图/吴仪宽）

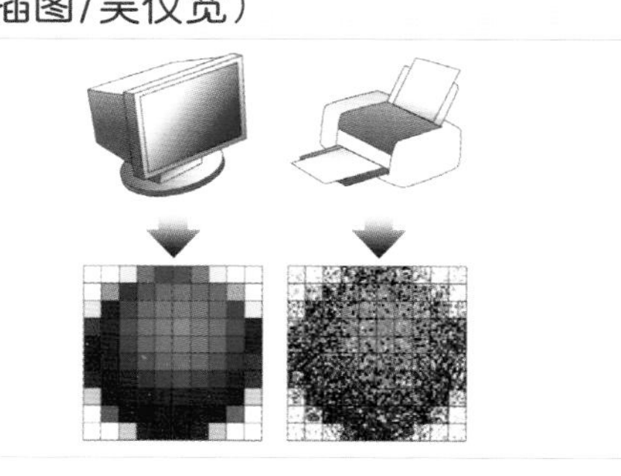

日本TBS电视台News23节目使用传真call in，让观众采访美国前总统克林顿，右上方屏幕显示传真的内容。（图片提供/达志影像）

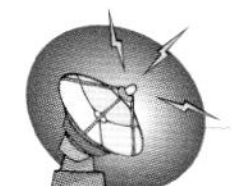

三合一的通信尖兵

传真机虽然发明得早，却发展得很慢，直到20世纪70年代才渐渐普及。这时传真机已演变为扫描仪、调制解调器、打印机三合一的机器：扫描仪将图像转成数字信号，调制解调器把信号用电话线传出去，打印机则将信号转为图像打印出来。

打印图像（图片输出）的品质决定传真机的优劣。图像的品质可由分辨率和色彩对比度来判断：分辨率以DPI来表示，主要由扫描仪决定，扫描愈细，分辨率愈好，影像就愈清晰；色彩对比则靠扫描仪与打印机的配合，通常以色阶数表示。扫描仪能读取的色阶数愈多，打印出来就愈接近原图的颜色。一般功能较先进的传真机，分辨率可达1200DPI以上，黑白页可显示256级灰度，高速传真一页文件只需3秒。

目前办公室多半使用可传真、打印、扫描及复印的多功能一体机。（摄影/张君豪）

单元8

固定电话

（1896年瑞典的电话机，已经比较像现代电话机。图片提供/维基百科）

电话是传递声音的一种方式，也是大家最常使用的通信手段。早在1856年，第一部电话机就已问世。之后，不论是电话机的构造，还是电话系统，都历经改良与革新。但在20世纪中期移动电话出现之前，电话都是采用定点、线路传输的方式。

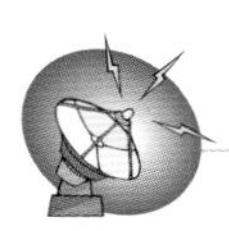

声音的要素

声音是由物体的振动产生的，并以声波的形式通过空气等媒介传播出去，振动的频率和强度决定声音的高低和强弱。频率是一秒钟内来回振动的次数，单位是赫兹（Hz），振动频率愈高，音调愈高。振动的强度决定声波所携带的能量强度，携带的能量愈

早期电话交换机需要人工操作，由接线员把电话接通。（图片提供/达志影像）

1892年，贝尔在示范使用电话，这是纽约和芝加哥之间的第一通电话。（图片提供/达志影像）

电话的发明者

2002年6月15日，美国国会通过269号决议，确认梅乌奇是电话的发明者，而不是一般人所认为的贝尔。梅乌奇是移民到美国的意大利人，他在1854年发明一种室内电话设备，好让常在地下室做实验的他，能与住在二楼但不良于行的妻子通话。1860年，他首次向公众展示他的发明，并在报纸上发表相关的介绍文章。但他很贫穷，没钱缴交申请专利的费用。贝尔由于在1876年取得电话专利权，因此被误认为是电话的发明人。

发明电话的意裔美国人梅乌奇。（图片提供/达志影像）

大，声音听起来就愈宏亮，传送的距离也愈远。

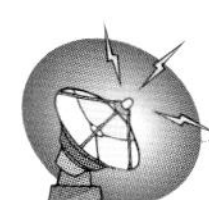

电话机如何运作

每个电话听筒都有两个部分：送话器将声波转成电流，收话器将电流转回声波。送话器包括一个金属薄片和一个碳粉盒，当我们对着送话器讲话时，声波会引起金属片振动，并且挤压碳粉盒。碳粉因被挤压的程度不同，会产生大小不同的电阻，从而使通过的电流或强或弱。收话器也有一个金属薄片和一个电磁铁，电流来的时候，会使电磁铁吸引金属片振动。金属片振动会造成空气振动，进而产生声波。电流强弱不同，产生的声波也不同，最后传到耳朵的声音也就有大有小了。

固定电话可以和世界各地沟通，它的传输是靠全球性的公共交换电话网（PSTN）来实现的。PSTN采用分级管理的方式，分为本地网、国内长途网和国际长途网，遵照国际电信联盟的规范。它对全世界的用户进行编码，也就是电话号码。有了全球通用的编码系统，才能直拨国际电话。例如中国的国际电话区号是+86。

现代全自动的电话交换机，由电脑控制接通，图中工程师正在检查维修。（图片提供/达志影像）

电话听筒的内部构造。（插画/吴仪宽）

（移动电话的电路板。图片提供/维基百科，摄影/Martin Broz）

单元9

移动电话

移动电话是无线通信的重要里程碑，问世不到百年，便吸引无数人使用，而研发的脚步也不曾停止。随着1G（first generation，第一代移动电话的简称）、2G、2.5G的发展，以至3G，移动电话不仅能传递语音和短信，还能传送动态影像和高解析度画面，现在又向4G发展，移动电话的功能变得更多、更强。

移动电话的演进

有线通信用线路来建立连结，而无线通信必须仰赖电磁波。不同频率的电磁波有不同的特性，有些频率在空气中衰减得很快，不适合远距离传输，有些则不会。1906年，加拿大科学家费森登利用适合远距离传输的电磁波来载送声音信号，顺利发射出清楚的声音。本来这个技术可以让移动电话提前问世，但因为通信科技尚未成熟，所以只催生了广播。

移动电话变得越来越轻巧，并将用来收发信号的天线隐藏在机体内，携带更方便。（图片提供/维基百科，摄影/Andynormancx）

1946年，瑞典警察在开车巡逻时，

SIM卡：轻薄的小型识别卡

SIM卡即用户识别模块，是供全球GSM手机系统识别用户身份的小型卡片。卡内储存着国际移动用户识别码（IMSI），能使全球网络知道用户属于哪一个国家和哪一个运营商等。此外，SIM卡内存有的用户识别码与密钥，可供运营商区别不同用户并且鉴别用户的身份，防止非法用户进入系统网络。除了GSM手机，其他如CDMA或UMTS等3G手机也使用类似卡片来管理用户的身份，只是名称不同，分别叫做RUIM和UICC卡。

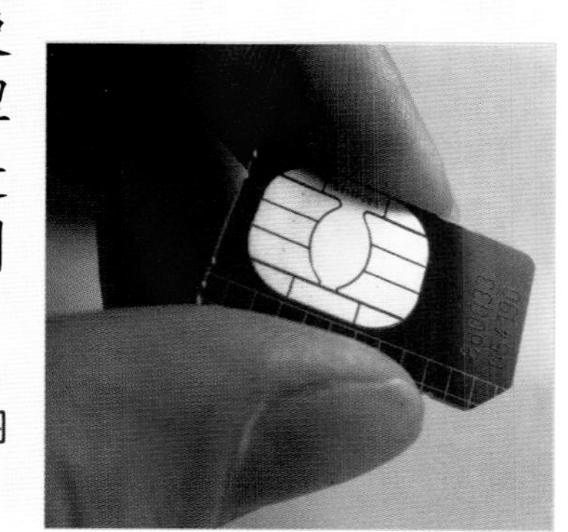

GSM系统使用的SIM卡。（图片提供/达志影像）

20世纪80年代体积庞大又笨重的移动电话。（图片提供/GFDL，摄影/Christos Vittoratos）

移动电话附属功能越来越多，可以照相、摄像及录音等。图为美国旧金山巨人队球迷用手机拍摄球员。（图片提供/达志影像）

以一种“汽车电话”相互沟通，这是移动电话的鼻祖。1973年纽约街头出现第一部让人带着走的移动电话。此后移动电话的发展一日千里，目前发展重点是成为一个多功能的迷你电脑，并且能够与互联网、全球卫星定位系统（GPS）等结合。

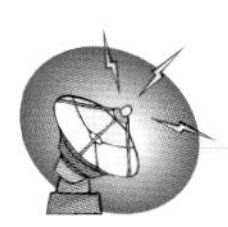

移动电话的系统

电话之间的通话是利用PSTN系统的交换机做线路切换，把两方的电话线路以一对一方式连结。对移动电话系统而言，手机须以电磁波和基站沟通，再通过移动交换中心（MSC），连线至管理整个移动电话系统的GMSC上。GMSC会依据发话端请求切换路径，如接收端为固定电话，线路会连至GMSC再转接至PSTN系统，才切换至电话机；若接收端为手机，线路直接切换至MSC。MSC随时掌握手机位置，即使发话和收话两方都在移动，MSC仍可快速寻找适当的基站，让两端交换信息。

法国的移动电话基站。欧洲、澳大利亚、美国等地都使用全球移动通信系统（GSM），是蜂窝式移动通信技术中发展较为成熟的。（图片提供/GFDL，摄影/~Pyb）

蜂窝式无线通信系统，将电话网络划分成蜂窝状六角形格子，每个蜂窝格中间设置基站。这些六角格子也称“细胞”。（插画/陈志伟）

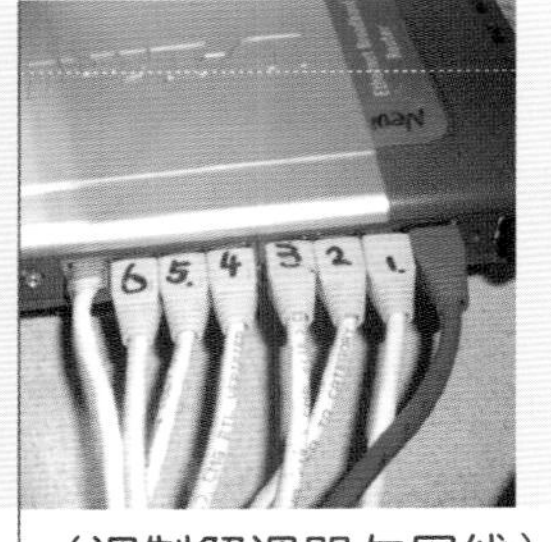

（调制解调器与网线）

单元10

网络

互联网诞生至今，才不过二三十年，就已经让人类的生活产生空前的变化。人们可以利用网络和朋友面对面聊天，也可以购物和查询世界各地的资料，真正达到“秀才不出门，能知天下事”的境界。

澳大利亚科廷大学Bentley校区的电脑教室，属于局域网。（图片提供/维基百科，摄影/Shinjiman）

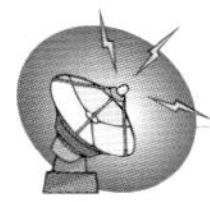

网络如何运作

网络和电报、传真、固定电话、移动电话一样，都属于即时通信；但网络和这些通信方式截然不同，反而与邮政相似。例如电话必须先在通话双方间建立一条专线，信号才能顺利地通过这条专属线路传给对方，通话时我们称这条线路为占线状态，其他想使用同一条线路的人都必须等待。网络则不同，封包是网络传输最基本的资料单位，网络将我们想传送的信息像写信般地分段写入封包里，这些封包会分别经过不同或相同的路径传送到接收端后再组合回原来的信息，而不是整个文件集中传递，因此不会一直占据一条路径，这样不仅加快了资料传递速度，还可以提高通道的使用率。

网络的系统

网络系统是1979年美国政府为了应付战争需要而开发出来的，当时制定了一套沿用至今的标准，即TCP/IP互联网协

网络发展初期，欧洲电脑迷会举办的LAN party活动。主办方提供场地、电力与局域网，参与者自己带电脑去与同好切磋交流，通常以玩多人网络游戏为目的，大型的LAN party还会有竞赛和研讨会等活动。（图片提供/GFDL，摄影/Toffelginkgo）

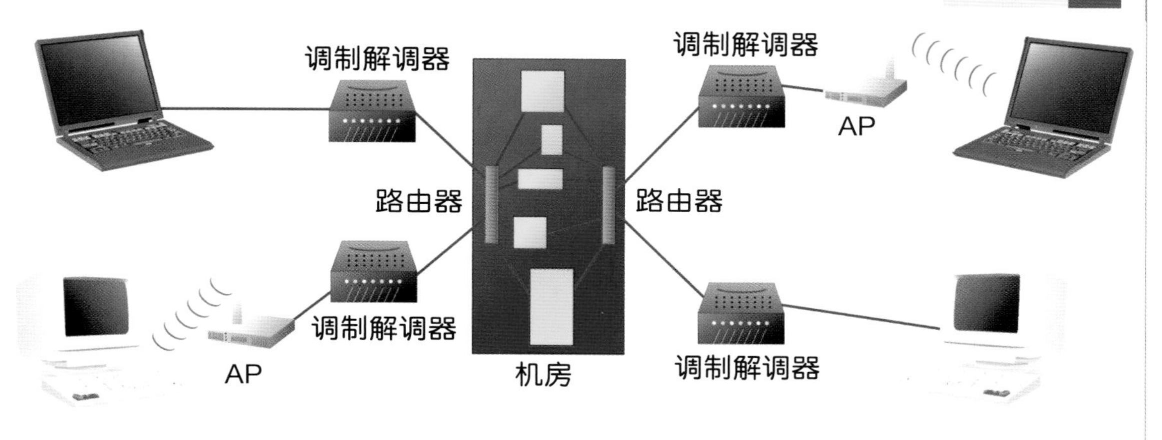

中间是网络服务商机房，红色是路由器。有线或无线上网的信号都经调制解调器，由电话线路或光纤传到机房，再由路由器指定适合的路径传送给其他电脑。（插图/穆雅卿）

议，让网络之间的连接有规则可循。只要电脑连接网络，都将获得一个独一无二的识别地址，也就是IP地址。

整个网络系统主要可区分为局域网（LAN）和广域网（WAN）。局域网指的是小范围内（一般不超过100米）将数个电脑相互连接的网络，可以达到资源共享的目的，例如学校的电脑教室或是企业的办公大楼等。广域网则是大范围的网络系统，通常由许多不同的局域网连接组成，涵盖的范围可能包含一个甚至数个国家，一般所说的互联网便是一种公共型的广域网。

使用Skype网络电话时，网络上彼此通话免费，若经网络拨有线或移动电话，因不像传统电话需要占据整条线路通话，通话费也比较便宜。（图片提供/达志影像）

有线上网与无线上网

互联网是由多种局域网互相连结而成，我们必须通过ISP（互联网服务提供商）连上互联网的世界。目前ISP提供ADSL或Cable Modem两种有线上网服务，我们能看到国外网页或与国外朋友聊天，便是通过各国ISP之间交换封包。

热点是Wi-Fi无线网络连线的地点，图为意大利机场公用热点的标示。（图片提供/达志影像）

无线上网不只可以通过电脑，还可以使用手机。目前电脑无线上网仅止于小范围的局域网，即无线局域网（WLAN），使用Wi－Fi传输技术。广域网技术则有应用在3.5G手机上的HSDPA技术，以及WiMAX技术，HSDPA的最快传输速率为14.4Mbps，而WiMAX可以达到70Mbps，将近5倍呢！

单元11

卫星通信

(Syncom 1，第一个同步轨道测试卫星。图片提供/NASA)

卫星通信是涵盖面最广、传输最远、传输量最大的无线通信方式。它利用绕着地球运转的卫星作为长途信号转播站，不仅能弥补海底电缆断线造成的通信故障，更可使全球的信息流通更快速。

印度孟买的工程师正在调整卫星天线，让集波器收得到信号。(图片提供/达志影像)

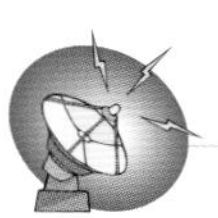

固定式卫星通信系统

固定式卫星通信系统分地面与空中两大部分，地面部分包括发射信号给卫星的发射站和散布各地的卫星信号接收站，空中部分则由位于同步轨道上运行的卫星组成。同步轨道在地球的赤道上空约3.6万千米，轨道上的卫星与地球维持同步旋转，看起来就好像静止不动地挂在天空中，最有利于收发信号。从理论上说，只要有三颗能形成等边三角形的同步卫星，就可与全球任何地方通信。为了避免各国卫星在轨道上停靠太近造成信号干扰，联合国旗下的国际电信联盟（ITU），便负责分配这些卫星的停驻权。

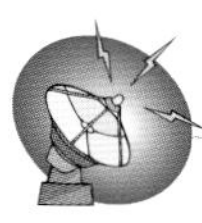

移动式卫星通信系统

移动式卫星通信系统主要由近地轨道上的卫星组成，高度介于80—2,000千米之间，提供全球个人以及船舶通信等服务。例如1998年5月开始的铱星计划

通信卫星。白色圆盘状物体是收信/发射用天线反射板，蓝色薄板是太阳能电池板，将太阳能转变成电能，给卫星作业提供电力。(图片提供/达志影像)

同步卫星应用于固定式与部分移动式卫星通信系统，其轨道位于赤道上方，卫星公转与地球自转同步，从地面看仿佛静止不动。（插画/施佳芬）

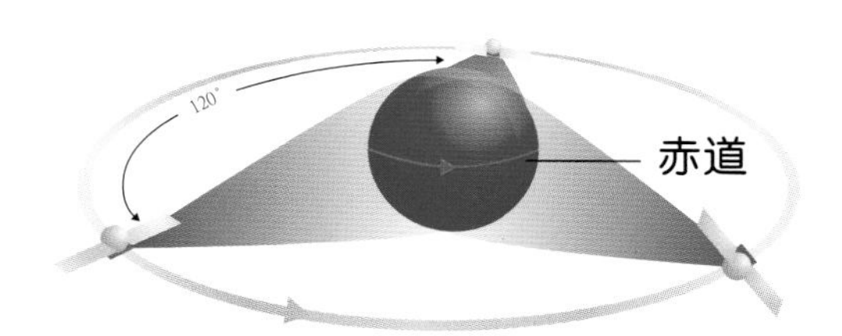

通信卫星的由来

通信卫星之父克拉克，也是著名的科幻小说作家。（图片提供/达志影像）

通信卫星的构想是由英国科幻小说作家克拉克提出来的。早期电视信号的发射与接收通过一个个中继站以接力方式传递，但地表有高山大海，不易架设中继站，通信效果有限。1945年，克拉克发表《地球外的中继站》一文，说明只要在地球上空安排定点卫星，即现在的同步卫星，把信号传送到卫星，再由卫星发射到地球上，就可实现全球电视的即时转播。

果然，在1962年，美国发射第一枚通信卫星，从此进入卫星通信的新时代。据科学家统计，2006年地球上空有800多枚人造卫星，其中用于通信的卫星就占了2/3。除了电视之外，通信卫星更广泛应用在国际电话、高速网络、广播、电报和业余无线电等各领域。

属于移动式卫星通信系统的铱星计划，包括66颗低轨卫星，分布在6个近地轨道上。（图片提供/达志影像）

（Iridium），是由美国摩托罗拉公司所推行的全球手机通信卫星计划，采用66颗低轨卫星分布在6个近地轨道运行，以确保手机使用者的上空随时都会有卫星飞过。此外，还有美国高通公司提出的全球星系统（Globalstar），也是利用低轨卫星组成一个覆盖全球的移动卫星通信系统，向世界各地提供语音、数据或图片传输等服务。

2004年东南亚海啸后在印度尼西亚的尼亚斯岛上，技术员以卫星电话联络医疗队。（图片提供/维基百科，摄影/Jeffrey Russell）

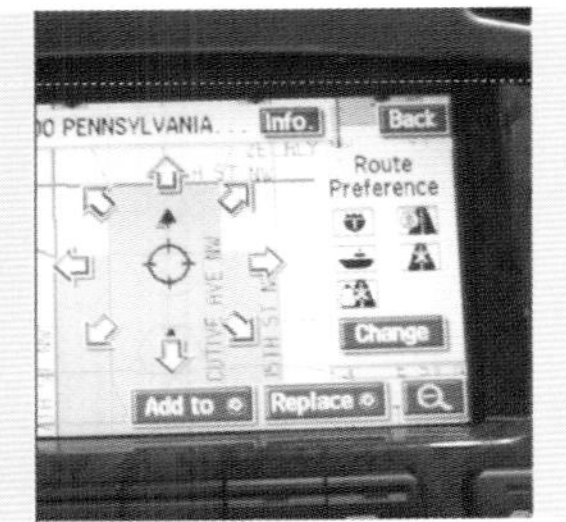

卫星定位系统

（车用 GPS 卫星导航系统，已定位并在地图上标示位置。图片提供/维基百科，摄影/AudeVivere）

卫星定位系统是结合无线通信与卫星科技开发出来的定位与导航装置，以美国的全球卫星定位系统（GPS）应用最广。2006年，美国政府规定在国内销售的手机都必须具备GPS功能，民众只要拨打紧急电话便能显示位置，加快救援速度，可见GPS与移动通信的结合是未来趋势。

装在摩托车上的GPS接收机，其应用愈来愈广泛。（图片提供/维基百科，摄影/Piero）

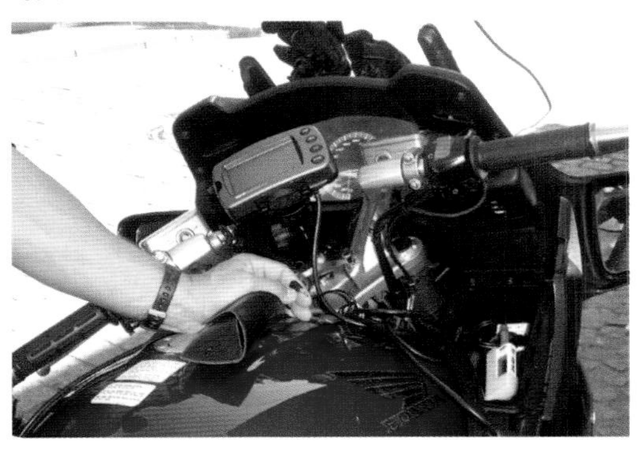

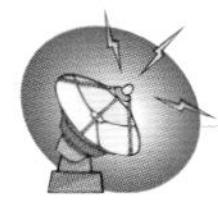 卫星定位系统的发展

GPS的研发始于第二次世界大战后的“冷战”期间。美国军方研发出一种军事导航系统，可以执行定位和监视任务，后来发现它的应用价值很高，于是在1967年开放给民间使用，1983年起逐步开放给全球民众使用。美国的GPS共有24颗卫星，分布于6个轨道面上；地球上任何一个使用者，随时随地都可以收到4颗以上卫星的信号。

由于卫星定位系统的利益巨大，而且影响广泛，除了美国，俄罗斯和欧盟也跟进发展。俄罗斯的格洛纳斯（GLONASS）系统于1982年开始发射卫

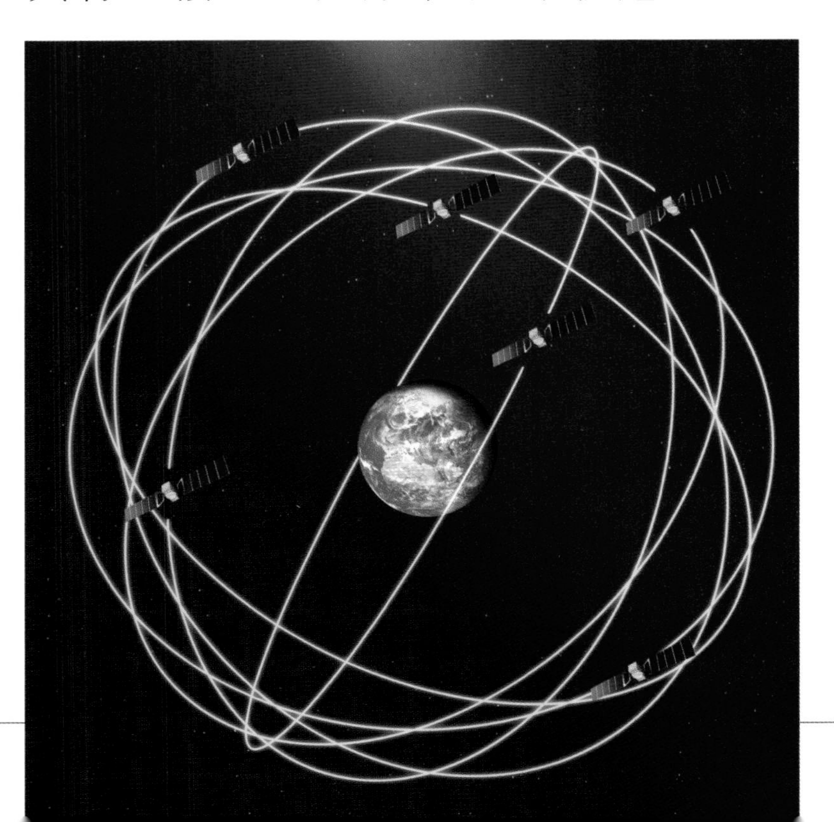

欧盟的伽利略系统有3个轨道面、30颗卫星，将提供更准确的信息给民众使用，并可提高高纬度地区的覆盖率和降低对美国GPS系统的依赖。这计划也有非欧洲国家参与。（图片提供/达志影像）

危地马拉LT国家公园内，科学家正在美洲虎身上系GPS项圈。在20世纪90年代，已有动物学者使用这种方式，获得野生动物活动范围及迁徙路线的信息。（图片提供/达志影像）

星，一共也有24颗，分布于3个轨道面上，曾一度荒废，重整后于2011年在全球正式运行。欧盟的伽利略系统正在构建中，将有30颗卫星，预计在2019年左右完成。

GPS如何定位

简单地讲，当GPS接收机收到来自卫星的信号时，会获得3个信息：这是第几号卫星、卫星的位置、发送信号的时间（以格林威治时间为主）。由于卫星信号是以光速来传送的，因此接收机只要比较自己收到信号的时间以及卫星发送信号的时间，就可以计算出与卫星之间的距离。当收到超过3颗卫星的信号时，便可以利用三维的三角定位法（3-D Trilateration）计算出接收机所在的位置。接收的卫星信号愈多，精确度就愈高。此外，接收机还会一直不断更新目前的位置，这样就能计算出使用者移动的方向和速度了。

3-D三角定位法

GPS的定位技术应用了数学的3-D三角定位原理：如果空间中有一点位于一个平面三角形之外，只要知道这个点与3个角的距离，就能算出此点位置。这个算法是以3个角为圆心，它们与这个点的距离为半径，画出3个球面，3个球面会交会在两个点上，其中一个就是我们所要的答案。依此定理，我们将任何3颗卫星当作3个角，GPS接收机只要知道它与各卫星的距离，计算出两个交点，一点在外太空中，一点在地球上，我们只要选择后者便能知道自己的位置了。

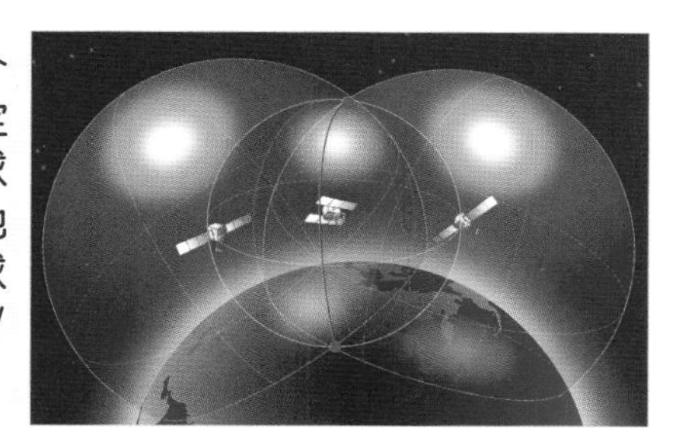

GPS接收机收到至少3个卫星的信号时就可以定位。左右两个卫星的球面交点是红色圆弧，地面接收机的点则是3个球面的交点之一。（插画/吴仪宽）

登山或探勘时，以GPS定位搭配详实的地图，可降低迷失方向和遇难的几率。（图片提供/达志影像）

单元13

通信安全

（喜爱炫耀技术的“灰帽黑客”Adrian Lamo 制作的 ASCII 字符画照片。图片提供/GFDL）

现在的通信愈来愈依赖网络和电话，而传递的信息也愈来愈广泛，其中不乏重要资料。因此，如何保障网络和电话的通信安全，已成为重要课题。

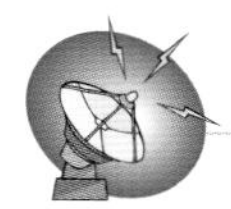

信号的加密

通信系统起初只能传递文字，接着才能传递图像和声音。网络诞生后，出现大量的资料传递，这些资料有些是机密性的。例如在网上购物需要提供信用卡账号，这就是一种机密资料，因此大家开始重视信号加密的必要性。

数据加密（DES）是最早开发出来的信号加密法，1977年美国政府将其应用在电脑网络上，以避免国家的机密资料外泄。此外，20世纪90年代出现的数字电话（2G手机），则是先将信号编码处理后再传送出去，不仅增强信号的抗干扰力，也强化了信号的保密性，不太容易被窃听。

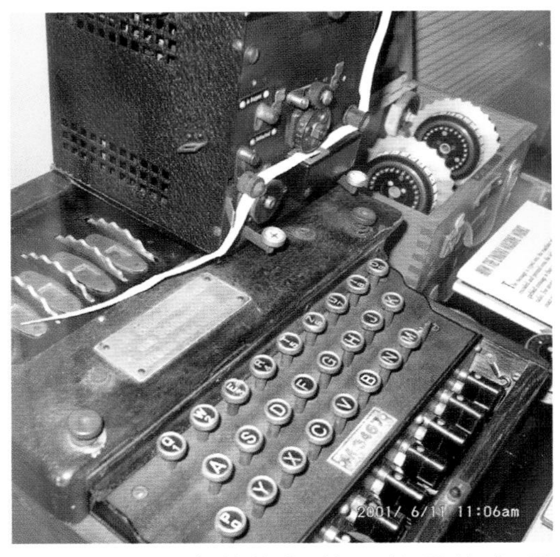

第二次世界大战期间德军使用的密码机，以机械与电流编码。现在网络上的加密则是更复杂、更难破解的编码系统。（图片提供/GFDL，摄影/Ben Slivka）

现在，有更多更安全的加密法不断问世，例如用于无线上网的临时密钥完整性协议（TKIP）或高级加密标准（AES）等，都是为了避免重要资料在传递途中被窃取或盗用。

股票、外汇市场交易以及网络付款机制如 PayPal、Western Union 等都需要资料加密，以保障客户隐私与交易安全。（图片提供/达志影像）

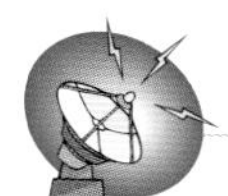

防火墙与VPN

通信设备从早期的电报机和传真机，发展到现在的移动电话与电脑，不仅构造愈来愈复杂，储存的资料也多到难以计数，尤其是许多政府机关和私人企业都将重要资料储存于电脑，假如被电脑病毒入侵导致系统瘫痪，或被黑客入侵窃取资料，后果将不堪设想。

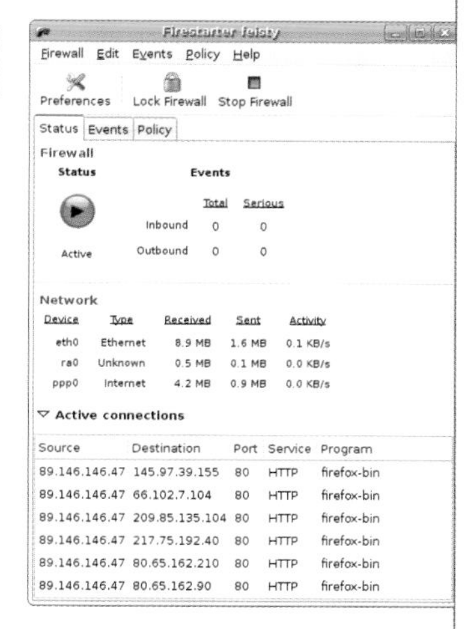

Linux 防火墙工具 Firestarter 的启动画面。（图片提供/GFDL，制作/Emx）

防火墙与VPN（虚拟专用网络）是目前最常用来保护网络通信的方法。防火墙是最基本的设计，也是通信设备与外部网络连接的第一道防线，它会根据使用者的设定来过滤进与出的封包。VPN可视为第二道防线，它能越过外部网络，建置一个专用的、加密的虚拟通道，与其他通信设备进行资料交换。和混乱的公共网络相比起来，VPN显得更安全，因此广为一般企业和学术单位采用。

网上支付常使用SSL、SET、AVS等安全加密机制，保障持卡人的资料安全。（图片提供/达志影像）

黑客

黑客是指能修改电脑或网络等系统程序的人。他们精通程序，如果将专业技能用来修补或改善电脑系统，维护电脑和网络安全，那就是造福通信的人，称为“白帽黑客”；相反地，如果用来入侵电脑系统，破坏程序、窃取资料，或撰写病毒在网络上散布，那就是“黑帽黑客”。

1995年，列文（Vladimir Levin）成为历史上第一位侵入网络银行电脑系统的黑客，他从花旗银行转出1,000万美元，但随即以电脑犯罪等罪名遭到逮捕。

2002年黑客团体 HOPE 在纽约举办的第4届黑客大会 H2K2。（图片提供/达志影像）

（苹果的iPhone。图片提供/维基百科，摄影/Ed g2s）

单元14

通信的发展方向

通信从最原始的人力送信，变成用光和电传送文字、声音、影像，又从有线传输发展成无线传输，通信范围也从一个城镇扩大到全球。现在，面对个体化、多样化以及讲求效率的社会，通信将向什么方向发展呢？

全IP化的通信发展

网络不仅提供信息交流的渠道，还提供电话与电视等个体化服务，成为整合性的通信平台，势必成为通信的主流。比如，英国电信（British Telecom）便在2009年完成以网络IP系统替换传统的PSTN电话系统。日本则积极铺设光纤缆线，更在某些偏远地区采取无线方式连接，让家家户户都能使用宽带。电信、信息与传播相互整合到全IP化的通信平台上，实现全方位的数字汇流服务。

2007年在美国CES展会上展出的网络电视无线屏幕与机顶盒。（图片提供/达志影像）

2006年9月，智利首都北边的沙拉曼卡镇成为该国第一个无线上网城镇，智利总统称这是迈向缩小南美贫富和城乡差距的一大步。（图片提供/达志影像）

用手机打网络电话也很方便。（图片提供/达志影像）

宽带与多样性、个体化的服务

在近来的通信发展中，宽带几乎成为高速的代名词，带宽愈大就代表数据传输速度愈快。多样性与个体化服务更必须建立在宽带传输的基础上，以提供高品质的影音服务。

有线通信因为光纤的出现，至少可以提供100Mbps的带宽，但却不符合人们移动时的通信需求。而具有移动能力的无线通信，例如3G移动上网，则仅有3.6Mbps的带宽，若想收看高画质的影像（至少要6Mbps），效果就要大打折扣了。因此国际电信联盟无线电通信组（ITU-R）计划在2010—2015年在世界各地建设下一代（4G）的移动通信系统，带宽将可高达1Gbps，这样不论是数字电视、视频通话、网络下载或个人保全，只要一部手机便能提供。

Vision 2010

Vision 2010是一部十多分钟的短片，由日本电信公司NTT DoCoMo制作，描绘了2010年通信生活的面貌。在影片中，不论手机、卫星导航、电子钱包还是身份证件，都已经整合到一只手表上。只要戴上手表，就可以和各种电子系统连线，例如利用视频科技，相隔两地的朋友可以即时通信，老师可以远程教学，医生和病人可以连线诊断；也可以连接到移动市镇监控系统，随时知道餐厅位置或停车空位等即时信息；公交查询系统还会告知公交车目前的位置，并可依据要求提供乘坐时间和行车路线等。这些通信科技，目前都实现了吗？

2000年NTT展示的3D立体影像盒。（图片提供/达志影像）

2005年底，德国ICE高速列车开始提供无线宽带上网。（图片提供/达志影像）

英语关键词

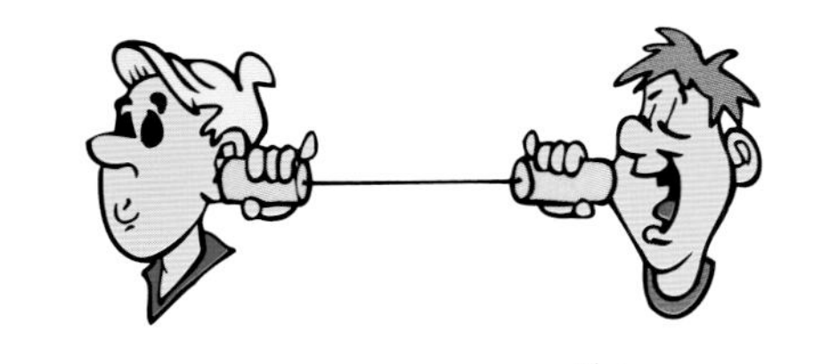

通信　communication

信号　signal

模拟信号　analog signal

数字信号　digital signal

收发机　transceiver

发射机　transmitter

接收机　receiver

编码器　encoder

调制器　modulator

调幅　AM，Amplitude Modulation

调频　FM，Frequency Modulation

载波　carrier

蓝牙　bluetooth

传输媒介　transmission medium

电流　electric current

电磁波　electromagnetic waves

频率　frequency

光纤　optical fiber

海底电缆　submarine cable

邮局　post office

邮票　stamp

邮政编码　post code / postal code / zip code

快递　express

电报　telegram

莫尔斯电码　Morse code

传真　fax/facsimile

像素　pixel

每英寸点数　DPI / dots per inch

电话　telephone

声音　sound/voice

声波　sound wave

公共交换电话网络 PSTN，Public Switched Telephone Network

国际电信联盟 ITU，International Telecommunication Union

手机 cellphone

移动通信 mobile telecommunication

基站 base station

移动交换中心 MSC / Mobile Switching Center

蜂窝式系统 cellular system

用户识别模组卡（SIM卡）Subscriber Identity Module Card

通信卫星 communication satellite

（地球）同步轨道 GEO，Geostationary orbit

近地轨道 near earth orbit

全球卫星定位系统 GPS，Global Positioning System

互联网 internet

局域网 LAN，Local Area Network

广域网 WAN，Wide Area Network

无线局域网 WLAN，Wireless Local Area Network

调制解调器 modem

路由器 router

封包 packet

非对称数字用户线路 ADSL，Asymmetric Digital Subscriber Line

带宽 bandwidth

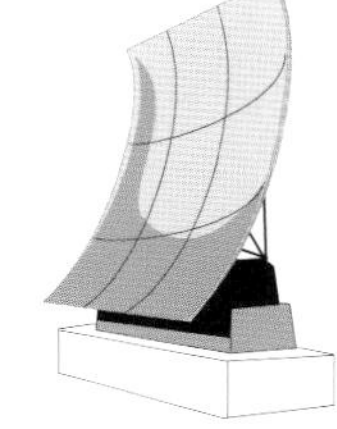

传输速率 data rate

防火墙 firewall

加密 encryption

虚拟专用网络 VPN，Virtual Private Network

新视野学习单

1 什么是通信？请选出正确的说法。（多选）

1. 一个通信系统可分为三大部分：信号、媒介、收发设备。
2. 打电话、上网都是通信。
3. 公交卡和读卡器的应用与通信毫无关系。
4. 无线通信是由马可尼发明的。

（答案在06—09页）

2 了解收发机设备的编码、调制与收发模式了吗？以下对的打○，错的打×。

（　）编码是为了抵抗噪声，更正确地接收信息。
（　）调制是为了将信号载入媒介上。
（　）调频是调整信息的振幅。
（　）双工收发指的是同一时间内同时收和发，例如电话。

（答案在10—11页）

3 连连看。请将下列不同形式的信号与其相对应的媒介连起来。

光·　　　　·光纤
电·　　　　·铜导线（电话线）
信件·　　　　·邮差
声音·　　　　·空气

（答案在12—17，20—21页）

4 关于邮政的起源与运作，对的打○，错的打×。

（　）万国邮政联盟成立前，各国邮资的计算方法都不相同。
（　）世界第一枚邮票出现在法国。
（　）书信之间的往来是最早的通信方式。
（　）邮局处理邮件的过程依次是：收件、分类、运输、投递。

（答案在14—15页）

5 请依发明的先后顺序，排列下面各种即时通信，最早的写1，最晚的写5。

（　）电话　　（　）电报　　（　）传真
（　）互联网　　（　）移动电话

（答案在14—23页）

6 下面有关电报与传真的叙述，请选出正确的。（多选）

1. 电报不仅传递文字，还能传递图片。
2. 电报与传真都使用电流信号来传递信息。
3. 电报必须利用摩尔斯电码才能将文字转成信号传递出去。
4. 传真也需要摩尔斯电码才能传送。

（答案在16—19页）

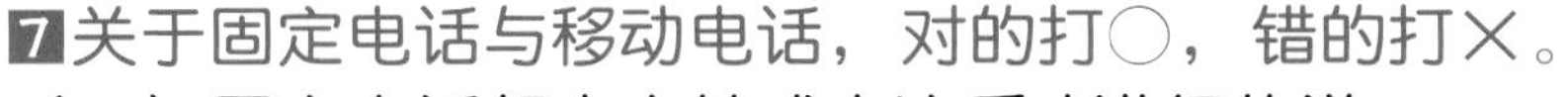

7 关于固定电话与移动电话，对的打○，错的打×。

（　）固定电话将声音转成电流后才进行传送。
（　）移动电话将声音转成电磁波后才进行传送。
（　）我们只有通过世界通用的PSTN系统才能与国外朋友通话。
（　）移动电话系统都利用无线传送，不需要线路。

（答案在20—23页）

8 下列对互联网的描述，请选出正确的。（多选）

（　）网络依据分布范围大小分为广域网和局域网。
（　）互联网是各局域网的连结。
（　）网络传递信息的方式和邮政运作方式类似。
（　）互联网是美国为了学术目的而开发的。

（答案在24—25页）

9 左边的卫星通信与右边的哪个卫星系统有关联？连看看。

卫星电话·	·同步卫星系统
GPS·	·全球星系统（Globalstar）
卫星电视转播·	·格洛纳斯卫星系统（GLONASS）

（答案在26—29页）

10 以下关于通信安全的叙述，对的打○，错的打×。

（　）与固定电话相比，移动电话较不易被窃听。
（　）防火墙与VPN都是用来预防黑客入侵私人网络的。
（　）黑客专指破坏电脑系统或窃取电脑资料的人。
（　）高级加密标准（AES）是最早开发出来的信号加密法。

（答案在30—31页）

我想知道……

这里有30个有意思的问题，请你沿着格子前进，找出答案，你将会有意想不到的惊喜哦！

开始！

太棒得美牌。

颁发洲金

太厉害了，非洲金牌也是你的！

哪些通
？
P.08

第一个长距离的即时通信方式是什么？
P.08

无线通信之父是谁？
P.09

不错哦，你已前进5格。送你一块亚洲金牌！

调频和调幅有什么不同？
P.10

了，赢洲金

什么是蜂窝式无线通信系统？
P.23

什么是Wi-Fi热点？
P.25

公交卡为什么不必装电池？
P.10

太好了！
你是不是觉得：
Open a Book！
Open the World！

互联网是什么？
P.25

无线通信用什么传送信号？
P.13

大洋牌。

同步轨道的位置距离地球多远？
P.26

固定式卫星通信系统分哪两部分？
P.26

什么是T1宽带？
P.13

了莫尔
？
P.16

世界第一枚邮票在哪里问世？
P.15

获得欧洲金牌一枚，请继续加油！

现行邮政制度是哪国创建的？
P.14

图书在版编目（CIP）数据

通信：大字版 / 陈诗喻撰文．—北京：中国盲文出版社，2014.9

（新视野学习百科；62）

ISBN 978-7-5002-5392-1

Ⅰ．①通… Ⅱ．①陈… Ⅲ．①通信—青少年读物 Ⅳ．① TN91-49

中国版本图书馆 CIP 数据核字（2014）第 205307 号

原出版者：暢談國際文化事業股份有限公司
著作权合同登记号 图字：01-2014-2057 号

通　信

撰　　文：陈诗喻
审　　订：李学智
责任编辑：徐廷贤
出版发行：中国盲文出版社
社　　址：北京市西城区太平街甲 6 号
邮政编码：100050
印　　刷：北京盛通印刷股份有限公司
经　　销：新华书店
开　　本：889×1194　1/16
字　　数：33 千字
印　　张：2.5
版　　次：2014 年 12 月第 1 版　2014 年 12 月第 1 次印刷
书　　号：ISBN 978-7-5002-5392-1 / TN · 2
定　　价：16.00 元
销售热线：（010）83190288 83190292